BERICHTE ÜBER DIE VERHANDLUNGEN DER SÄCHSISCHEN AKADEMIE DER WISSENSCHAFTEN ZU LEIPZIG

Mathematisch-naturwissenschaftliche Klasse
Band 100 · Heft 4

E. HEIDEBROEK

DIE BEZIEHUNGEN ZWISCHEN HÄRTE, SCHMIERUNG UND VERSCHLEISSFESTIGKEIT

MIT 10 ABBILDUNGEN

1952

AKADEMIE-VERLAG · BERLIN

„Überreicht vom Verfasser"

BERICHTE ÜBER DIE VERHANDLUNGEN DER SÄCHSISCHEN AKADEMIE DER WISSENSCHAFTEN ZU LEIPZIG

Mathematisch-naturwissenschaftliche Klasse
Band 100 · Heft 4

E. HEIDEBROEK

DIE BEZIEHUNGEN ZWISCHEN HÄRTE, SCHMIERUNG UND VERSCHLEISSFESTIGKEIT

MIT 10 ABBILDUNGEN

1952

AKADEMIE-VERLAG · BERLIN

Vorgelegt in der Sitzung vom 17. März 1952
Manuskript eingeliefert am 17. März 1952
Druckfertig erklärt am 15. Juni 1952

Erschienen im Akademie-Verlag GmbH., Berlin NW 7, Schiffbauerdamm

Veröffentlicht unter der Lizenz-Nummer 1217 des Amtes für Literatur und Verlagswesen der Deutschen Demokratischen Republik

Satz und Druck: Druckerei Fortschritt Zweigbetrieb, Erfurt

Bestell- und Verlagsnummer 2027/100/4

Preis: DM 3,40

Printed in Germany

I. Der Begriff der Härte

Der Unterschied zwischen harten und weichen Körpern ist von jeher gefühlsmäßig, d. h. physiologisch im Bewußtsein der Menschen durch Wahrnehmung mit seinen Sinnesorganen existent gewesen, ohne daß man dafür irgendwelche exakten Maßstäbe, wenigstens bei organischen Gebilden, angewendet hätte; die Sprache als der Ausdruck der Sinneseindrücke hat in uralter Entwicklung die Worte „hart" und „weich" philologisch geprägt.

In der Technik, die überwiegend mit anorganischen, kristallinen Stoffen arbeitet, spielt die Härte und die Verfahren zur Erzielung eines bestimmten Härtegrades schon aus den Vorzeiten eine erhebliche Rolle. Ohne daß man — bis vor verhältnismäßig kurzer Zeit — hierbei eine exakte Meßgröße zur Verfügung hatte, hat man doch eine Art von Härteskala aus der Wirkung von harten Werkzeugen auf weichere Stoffe schon im frühen Mittelalter gekannt, wenn nicht schon in der Feuersteinzeit. Dies gilt insbesondere für schneidende Werkzeuge, d. h. „Schneiden" im allgemeinen und vorzugsweise für Messer, Waffen aller Art. Schon das Mittelalter hatte Erfahrungen in der Herstellung von außerordentlich scharfen und standfesten Schneiden, z. B. von Schwertern aus besonders trainierten Stählen besessen, über deren Einzelheiten, namentlich hinsichtlich der meist geheim gehaltenen Härteverfahren, wir noch wenig wissen.

Wenn z. B. in Walter Scotts Roman „Der Talisman" der türkische Sultan mit einem Schwert eine in der Luft frei herabschwebende Feder durchschneiden kann, so mag darin eine dichterische Übertreibung liegen, aber erstaunlich bleibt doch, daß die damaligen Waffen durchaus imstande waren, die aus Eisen geschmiedeten Panzerrüstungen zu durchhauen. Die hervorragenden Könner auf diesem Gebiet waren stets hochgeschätzt, wie die Sage von Wieland, dem Schmied, bezeugt und der Ruf der im Bergischen Land verbreiteten Solinger Stahlwaren, die einer alten Handwerkskunst entspringen, ist heute noch als Markenartikel in der ganzen Welt unerschüttert. Dort spielten Sondererfahrungen der „Meister" im Härteverfahren eine wichtige Rolle und es gelingt erst allmählich, mit modernen physikalischen Meßgeräten die Technologie dieser Produkte wissenschaftlich aufzuklären.

Je mehr in der Entwicklung der Technik, insbesondere des Maschinenbaus, der Stahl und das gießbare Eisen wegen ihrer hohen Festigkeit in den Vordergrund traten, desto wichtiger wurde es, Schneidwerkzeuge von großer Härte in der spanabhebenden Formung zu entwickeln, deren Härte derjenigen der zu bearbeitenden Metalle überlegen sein muß. Dafür waren exakte Meßgrößen erforderlich und die „Standfestigkeit", besser Verschleißfestigkeit, ist ein Grundelement für die Gütekontrolle.

Mit der fortschreitenden Technisierung gewinnt aber der Begriff des „Verschleißes", d. h. der Abnutzung, eine eminente wirtschaftliche Bedeutung. Bei jedem maschinellen, d. h. beweglichen, Gebilde findet immer ein Kontakt zwischen bewegten und festen Elementen statt, der mit „Reibung" verbunden ist. Die Technik des durch Reibung verursachten Verschleißes und das Mittel zu seiner Verhütung stehen heute im Mittelpunkt der Grundlagenforschung.

G. Vogelpohl [30][1]) hat in einer gründlichen Studie den Gesamtwert der durch diese Effekte verloren gehenden Substanz allein für das deutsche Wirtschaftsgebiet auf rd. 3 Milliarden DM jährlich geschätzt; diese Untersuchungen stützen sich u. a. auf die langjährigen Arbeiten des Forschungsinstituts von Dr. Wahl in Stuttgart.

Es besteht die allgemeine Überzeugung, daß diese Verschleißvorgänge durch gesteigerte Härte mindestens des einen Kontaktpartners vermindert werden können, aber über die Beziehungen zwischen dieser als Härte bezeichneten Eigenschaft und der chemischen und molekularen Struktur des Kontaktgliedes besteht noch weitgehende Unklarheit.

[1]) Die eingeklammerten Zahlen beziehen sich auf das Schrifttumverzeichnis am Schluß.

II. Die Methodik der Härteprüfung

Seit etwa 50 Jahren sind Härteprüfgeräte entwickelt worden, deren Anwendung für eine exakte Messung einen erheblichen Fortschritt bedeutet. Die unter den Namen Brinell, Vickers und Rockwell entwickelten Geräte können als genügend bekannt vorausgesetzt werden; ihre Meßergebnisse stehen in einer rechnerischen Beziehung zueinander. Über die Methodik dieser Messungen ist bereits von vielen Forschern gearbeitet worden, u. a. von EUGEN MEYER [31], HENCKY, JCHLINSKY, TABOR, SHOBER, NADAI, VON MISES u. a., besonders aber von Dr. RAGNAR HOLM, früher Physikalisches Institut der SSW., Berlin, jetzt Stackpole Carbon Co., St. Marys USA. [1:7]. Dieser Forscher, dessen Buch über die Physik der elektrischen Kontakte [2] in Deutschland und im Ausland große Beachtung gefunden hat, veröffentlicht neuerdings aufschlußreiche Betrachtungen über die Am. Soc. for Metals [7] und über das Am. Institut of Physics. Auf diese Arbeiten aus der neuesten Zeit wird im folgenden Bezug genommen.

Die Vorgänge lassen sich am Beispiel des Brinell-Apparates am anschaulichsten analysieren. Eine Kugel vom Radius r wird in den zu prüfenden Körper mit einer Kraft P kg eingedrückt und ruft in demselben eine Eindrückung von der Form gemäß Abb. 1 hervor, von

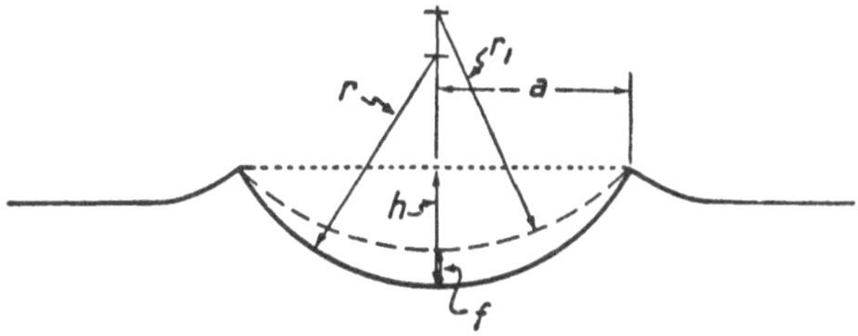

Abb. 1 Verformung durch Brinell-Kugel nach HOLM (7)

einer Tiefe h und einer Flächenprojektion $a^2\pi$, wobei um die Eindrückung ein plastisch verformter Wulst gebildet wird. Als „Härte" (von HOLM als „Kontakthärte" bezeichnet) wird der Wert

$$H = \frac{P}{\pi \cdot a^2} \tag{1}$$

definiert. Hierbei ist nur an Prüfkörper von hohem E-Modul gedacht. Demgegenüber bezeichnet BRINELL den Wert

$$H_B = \frac{P}{A}, \tag{1a}$$

wobei A die tatsächliche Oberfläche der Kugel-Calotte bedeutet, als Härte und in dieser Form werden die BRINELL-Werte in der Praxis zahlenmäßig berechnet.

Bleibt man bei der HOLMschen Fassung, so bedeutet

$$H = p = \frac{P}{\pi \cdot a^2} \tag{2}$$

den Durchschnittswert der spezifischen Pressung, die aber über die Oberfläche hin senkrecht dazu variiert und von P und dem Durchmesser der Kugel abhängt. H kann also keine eindeutige Materialkonstante bedeuten. Sie steht in keiner konstanten Beziehung zum E-Modul! Zwischen weichen und harten Stählen z. B. kann die Härte H sehr verschieden ausfallen, während der E-Modul nahezu derselbe bleibt.

Die so definierte „Härte" ist also keine Materialkonstante, die mit exakten physikalischen Größen kontrolliert werden kann oder eichfähig wäre. Sie stellt nur eine willkürlich gewählte Vergleichszahl dar. Die zu messende Eindrucktiefe h setzt sich aus einem elastischen Anteil f (Abb. 1) zusammen, der zurückfedert, und einem plastischen Anteil. Wird also die Belastung P von kleinen Werten an allmählich gesteigert, so findet zunächst eine elastische Deformation statt, die nach den HERTZschen Gleichungen exakt zu berechnen ist. Wird die Fließgrenze Y überschritten, so tritt eine plastische, d. h. nicht reversible Formänderung ein. Dieser ist bekanntlich nur mit sehr komplizierten Funktionen beizukommen (nach PLANCK treten ca. 36 Parameter auf) und die von VON MISES aufgestellte Gleichung

$$(\sigma_x - \sigma_y)^2 + (\sigma_y - \sigma_z)^2 + (\sigma_x - \sigma_z)^2 + 6\,(\tau xy^2 + \tau yz^2 + \tau zx^2) = Y^2 \tag{3}$$

dürfte einer exakten physikalischen Prüfung kaum standhalten.

Darin bedeutet Y die Druck-Fließ-Grenze, Quetschgrenze (siehe unten, Abschnitt V). Es sei hier vorweggenommen, daß die Kontakthärte H im Mittel zu etwa 3 Y anzunehmen ist, wodurch unter Annahme einer angenäherten Richtigkeit dieses durch Messungen bestimmten Wertes eine feste Beziehung zwischen H und Y gegeben wäre, also zwischen „Härte“ und „Fließgrenze“.

Die Unbestimmtheit dieser Messungen wird aber eingeschränkt durch ein Ähnlichkeitsgesetz, das schon von EUGEN MEYER [31] 1909 theoretisch festgestellt und durch Versuche von HOLM bei der Stackpole Co. bestätigt wurde.

In Abb. 2 sind Versuchsergebnisse wiedergegeben, bei denen die

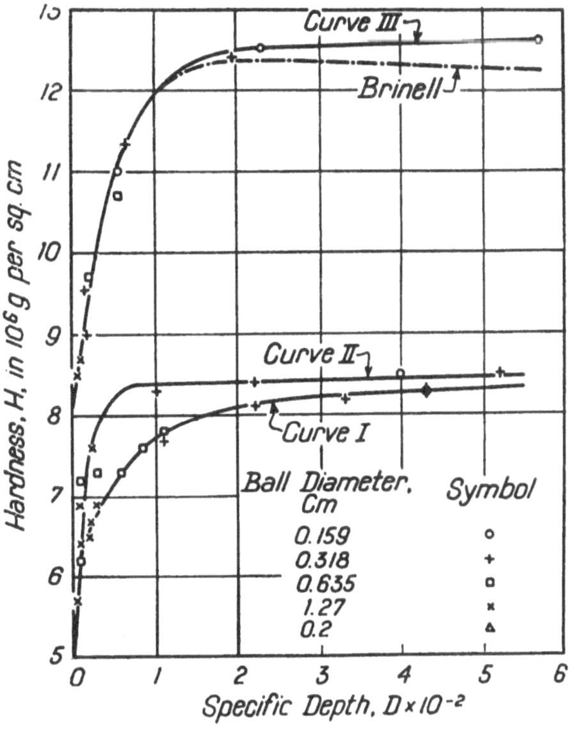

Abb. 2 Härtezahlen, bezogen auf die spez. Eindruck-Tiefe $D = \frac{h}{r}$ nach HOLM (7)

Kontakthärte H über der spezifischen Eindrucktiefe $\frac{h}{r} = D$ aufgetragen ist; entsprechend dem Ähnlichkeitsgesetz, wonach zwei Eindrückungen geometrisch ähnlich sind, wenn bei ihnen die Beziehung $\frac{h}{r}$ dieselbe ist. Es fallen hier bei jedem Versuch die H-Werte bei verschiedenen Kugeldurchmessern in die gleiche Kurve; der Einfluß der verschiedenen Kugeldurchmesser ist hier also ausgeschaltet; die Abhängigkeit von P nach Gl. (1) bleibt natürlich bestehen.

Aus diesen Kurven leitet HOLM die empirischen Gleichungen

$$H = H_m \cdot D^{\varepsilon} \tag{3}$$

oder genauer

$$H = H_o + \mathrm{H}_1 \left(l - e^{-D/Do}\right) + Q \cdot D \tag{4}$$

ab.

Darin bedeuten H_m, H_o, H_1, ε und Q Konstante. Diese Funktion von H läßt bereits an Kompliziertheit nichts zu wünschen übrig, wenigstens für eine praktische Anwendung.

Ein bestimmter Punkt der H-Kurven über D, den man als „die Härte" bezeichnen könnte, läßt sich von vornherein also nicht festlegen. Man wählt daher nach dieser Methode den Wert als H, der dem oberen asymptotischen Ast der Kurven in Abb. 2 entspricht. Nachprüfen läßt sich diese Annahme vorerst kaum, da es, wie oben bereits betont, bisher keine Eichmöglichkeiten gibt. Der Wert H bleibt also bis auf weiteres eine vielleicht zweckmäßige, aber physikalisch nicht eindeutig definierte Vergleichszahl von der Dimension kg/cm². Er bedeutet also jedenfalls keine Werkstoffkonstante.

III. Genauigkeit der Härtemessungen

Ungenauigkeiten und Streuungen bei Härtemessungen können in Fehlern des meßtechnischen Teils der Apparate, der Eindringkörper sowie auch der Prüfplatten ihre Ursachen haben. Die Arbeitsgemeinschaft für Härtereitechnik und Wärmebehandlung e.V. mit dem Sitz in Bremen-Lesum, unter der Leitung von Professor Dr.-Ing. PAUL

Riebensahm an der Technischen Universität Berlin, hat sich dieser Probleme mit besonderer Beziehung auf das Rockwellgerät angenommen und u. a. festgestellt [29], daß Differenzen von 5 bis 6° Rc bei sonst gleichartigen Geräten nicht selten sind und die sogenannten Prüfplatten Unterschiede von mehr als 6 HRc-Einheiten aufweisen können. Das kann unter Umständen zu erheblichen Unzuträglichkeiten zwischen Hersteller und Abnehmer führen.

Das Institut in Bremen hat daher ein sogenanntes Normalprüfgerät und einwandfreie Prüfdiamanten entwickelt, da die Diamanten zum Teil mikrogeometrische Strukturunterschiede durch Anisotropie aufweisen. Wenn die in den Betrieben verwendeten Geräte laufend mit dem Normalgerät in Bremen verglichen werden, steht zu erwarten, daß die lästigen Streuungen auf ein tragbares Maß vermindert werden. Das Bremer Normalgerät würde also eine ähnliche Rolle spielen, wie etwa die Normalendmaße bei der P. T. R.

Schwieriger liegen die Verhältnisse bei den zur Eichung benutzten Prüfplatten. Einmal weil das Härtegefüge je nach dem angewendeten Verfahren mehr oder weniger tief in das Innere eindringt und beim Eindrücken eines Meßkörpers nacheinander die harten und die weicheren Schichten durchdrungen werden und dabei verschiedenartige Plastizitätsgesetze in Erscheinung treten. Wie schwer es ist, Stahlproben von genau gleicher Struktur herzustellen, weiß jeder Fachmann. Man kann zwar annehmen, daß Eichplatten aus genau definiertem Stahl völlig durchgehärtet werden können, aber damit ist die Übertragbarkeit auf das praktische Werkstück noch keineswegs gegeben. Bei diesen wird meistens ein Härteverfahren angewendet, bei dem nur eine Härteschicht von 1 bis 2 mm als gleichmäßig hart angesehen werden kann, das Gefüge dahinter aber allmählich in das Originalgefüge übergeht. Nun stammen aber die Werkstücke selbstverständlich aus ganz anderen Chargen als die Eichplatten und es kommt ganz darauf an, an welcher Stelle des Werkstückes man die Härteprüfung ansetzt. Streuungen dieser Art dürften einen viel größeren Bereich ausfüllen als die bei dem Normalgerät noch übriggebliebenen. Fälle, wie ein dem Verfasser vorliegender Kugellagerring, der an der einen Seite weich und der anderen hart war, dürften wohl nicht verallgemeinert werden, aber bei Verschleißprüfungen an einer großen Serie von Lagerbronzen, die mit Härteprüfungen verbunden waren und bei denen die Prüfplatten zwar angeblich aus derselben Legierung aber gesondert hergestellt waren, zeigte sich eindeutig, daß das mikrogeometrische Gefüge der Prüfplatten von dem der zu untersuchenden Lagerschalen oft erheblich abwich und daß zwischen Verschleißfestigkeit und Härte durchaus keine gesetzmäßige Beziehung bestand.

Diese Überlegungen führen meines Erachtens zu der Folgerung, daß die Härtemessungen nur dann einen praktischen Wert haben, wenn sie am Werkstück selbst laufend oder wenigstens in Stichproben durchgeführt werden und nicht an irgendwie parallel hergestellten Werkstoffproben. Wenn schon an den mit größter Sorgfalt hergestellten Eichplatten solche Streuungen auftreten – auch die Alterung spielt nach RIEBENSAHM [29] eine Rolle – wieviel mehr ist dann an den Werkstücken, namentlich bei automatisch gehärteten Massenteilen damit zu rechnen! (Zahnräder, Wälzlager, Bolzen u. dgl.)

Daß bei dem Eindrückvorgang noch andere Erscheinungen mitwirken, hat HOLM in der zitierten Arbeit [7] nachgewiesen. Solche sind in Verfestigungserscheinungen (workhardening), Zertrümmerung der groben Kristalle in kleinere, d. h. Veränderung der Struktur der betroffenen Oberfläche u. a. m. zu erkennen. Man darf auch nicht übersehen, daß die hier erörterten Probleme keineswegs nur bei härtbaren Stählen wichtig sind, sondern ebenso bei Buntmetallen (Lagerschalen!), Leichtmetallen und Kunststoffen.

IV. Technischer Zweck der Härtung

Der Drang nach Verfeinerung unserer technischen Meßmethoden ist ein allgemeines Grundprinzip der Forschung überhaupt und als solches autark. Man muß ihn aus erkenntnistheoretischen Gründen physikalischer Natur unbedingt fördern. Aber man gewinnt bei vielen derartigen Anstrengungen, insbesondere auch bei den Arbeiten mancher Normenausschüsse, zuweilen den Eindruck, daß die Verfeinerung zum Selbstzweck wird und sich loslöst von den praktisch wirtschaftlichen Problemen, die ursprünglich den Anstoß dazu gegeben haben. Es ist daher bei der Problematik der Härtemessungen die Frage berechtigt, welchen praktisch-wirtschaftlichen Zweck man dabei ansteuern will, wenn man eine möglichst große Härte eines Werkstückes anstrebt.

In der überaus größten Mehrzahl der Fälle ist dieses Ziel die Verminderung bzw. Verhütung der unter dem Begriff des „Verschleißes" zusammenzufassenden Erscheinungen. Ob man diesen bei spanabhebenden Werkzeugen in den Begriff der „Standfestigkeit" einbezieht, oder bei Zahnrädern, Gleitlagern, Wälzlagern, Wellen, Laufrädern auf Schienen, Führungen irgendwelcher Art betrachtet, immer läuft es auf eine Erhöhung des Verschleißwiderstandes bzw. die sog. „Verschleißfestigkeit" hinaus. Mit der mehr oder weniger großen Verminderung, wenn nicht Verhütung des Verschleißes bzw. der damit verbundenen bleibenden Formänderung ist die „Lebensdauer" des betr. Organes zwangsläufig verbunden. Diese beeinflußt aber den wirtschaftlichen „Wert" eines Produktes in entscheidender Weise. Nicht der Herstellungspreis (aus Material, Löhnen und Unkosten) ist der wirkliche Wert, sondern der „Nutzungswert" wird bestimmt durch die Frage, wie oft und nach welcher Zeit das betreffende Objekt erneuert werden muß. Kostenmäßig drückt sich das in den entsprechend zu bemessenden „Abschreibungen" aus, insoweit diese dem wirklichen Abnutzungsgrad entsprechen; er geht damit in die laufende Betriebsrechnung ein, da diese als echte Unkosten anzusehen sind.

Die Härte eines Maschinenelementes der erwähnten Art steht zweifellos mit dem Verschleiß in einem engen Zusammenhang. Nicht sowohl die „statische Härte" bei ruhender Belastung, als die „Kontakthärte" nach Holm bei rollender, wälzender oder gleitender Relativbewegung. Die internationale Forschung beschäftigt sich heute in allen industriellen Ländern vorwiegend mit dem Verschleiß bei gleitender Relativbewegung (frictional wear).

Holm unterscheidet „körnigen" Verschleiß und „atomaren" Verschleiß. Bei ersterem besteht der Abrieb aus körnigen Gruppen von Kristalliten, hervorgerufen durch Unregelmäßigkeiten in der Oberflächenstruktur des Objektes.

Bei dem „atomaren" Verschleiß werden nur kleine Gruppen von Atomen in der Relativbewegung durch die Wechselwirkung der freien Oberflächenvalenzen der beiden miteinander korrespondierenden Flächen schrittweise herausgezerrt (3). Dieser atomare Verschleiß ist kongruent mit dem Begriff der „Reibung" zwischen gleitenden Flächen und insofern stark abhängig von etwaigen adsorbierten Gas- oder Dampfschichten (von einer eigentlichen „Schmierung" vorerst abgesehen). Durch solche adsorbierten oder oxydierten Schichten wird die Reibungszahl und damit auch der atomare Verschleiß stark vermindert. Er kann also rein nur im Vakuum nach v.rheriger stark erhitzter Reinigung gemessen werden, wie das Holm bei seinen bekannten Kreuzdrahtversuchen getan hat.

In der Praxis der Gleitvorgänge gibt es überhaupt keine reinen Metalloberflächen, es sei denn, sie würden durch übersteigerten Abrieb laufend frisch erzeugt.

Für den einfachen Modellfall, daß eine ebene Fläche um ein Maß d unter einer Last P verschoben wird, gelangt Holm (S. 318 der zitierten Schrift [7]) zu einer Gleichung:

$$Z = \frac{A}{Sd} \quad \text{worin } A \text{ das abradierte Atomvolumen,} \tag{4}$$

$S = \frac{P}{H}$ die effektive Kontaktfläche,

d die Verschiebung und

Z einen Bruchteil der abradierenden Einzelkontakte zwischen den Atomen der beiderseitigen Flächen bedeutet.

$$A = Z\,\frac{Pd}{H} \quad \text{ergibt dann in erster Annäherung das} \tag{5}$$

auf der betroffenen Fläche abradierte Atomvolumen, d. h. im wesentlichen eine monomolekulare Schicht, Z bedeutet eine Materialkonstante, insofern sie angibt, welcher Anteil der gesamten Atomkontakte zu einer Abradierung in der betroffenen Fläche führt.

Hierin wird die Kontakthärte H zum ersten Mal in eine gesetzmäßige Beziehung zum Verschleißvolumen gebracht, dem sie umgekehrt proportional ist. Größere Härte bedeutet also kleineren Verschleiß und längere Lebensdauer und umgekehrt. Die Dimensionen der Gleichung sind richtig, wenn Z eine dimensionslose Verhältniszahl bedeutet und atomarer Verschleiß wirklich vorliegt.

In der nachfolgenden Tabelle I sind Versuchsergebnisse nach dem Buch „Physik der elektrischen Kontakte“ wiedergegeben, wobei der Wert $Z \cdot 10^5$ als Einheit benutzt wird.

Table XXI — *Different Kinds of Wear, as Represented by the Number Z 10 of Atomic Layers Abraded From Each of the Contact Members*

Contact	Hardness*	P	$Z \cdot 10^5$	Remarks
Tungsten on tungsten	20	530 g.	1400	
Steel on steel	18	4400	1260	
Iron on iron	15	100	900	In dry air
Iron on iron	15	100	6	In damp air
Iron on	10	150	1	
babbitt	3		12	
Iron on iron	15	100 to 1000	0.3	Boundary lubrication
Graphite on	2	500	15×10^{-4}	
copper	8		2×10^{-4}	

*Hardness numbers in 10^6 g, per sq.cm

Abb. 3 Tabelle der gemessenen Werte $Z \cdot 10^5$ nach HOLM (7)

Kritisch möchte der Verfasser in dem Ausdruck Z bzw. $Z \cdot 10^5$ weniger eine Materialkonstante als vielmehr eine Zahl sehen, die den Oberflächenzustand der gedrückten Fläche umschreibt. Die Struktur der Oberfläche ist zweifellos durch das Härtungsverfahren und die Bearbeitungsmethode beeinflußt und wirkt sich dadurch auch auf die Kontakthärte H aus, die ja nur einen Durchschnittswert nach der Gl. (1) $H = \frac{P}{\pi \cdot a^2}$, Abb. 1, darstellt, aber in eben diesem Durchschnitt bestimmt ist durch die unendlich große Zahl der „Einzelkontakte“. Darüber wird weiter unten noch einiges zu sagen sein.

Davon abgesehen sind die von HOLM vorgelegten Ergebnisse als ein wichtiger Fortschritt in der Erkenntnis der Verschleißtheorie zu werten. Sie geben in erster grober Annäherung die Aussicht, den atomaren Verschleiß nach Gl. (5) vorauszuberechnen; nur muß dabei die Zahl $Z \cdot 10^5$ experimentell ermittelt sein.

Eindrucksvoll ist der Einfluß der Schmierung durch adsorbierte Grenzschichten oder durch „Grenzschmierung" mit Öl (Boundary lubrication) zu ersehen. Das widerlegt schlagend die Annahme mancher Forscher, daß die Lebensdauer geschmierter Wälzflächen, also der reziproke Wert des Verschleißes unabhängig von der Art des Schmiermittels berechnet werden könne.

Endlich ist interessant der geringe Wert von $Z \cdot 10^5$ bei dem Gleiten von Eisen gegen Lagermetall, auch ohne Schmierung. Damit wird aber eine neue Variable von entscheidender Bedeutung in das Verschleißproblem eingeführt, nämlich die Struktur des Schmierstoffs und der Härteunterschied der aufeinander gleitenden Flächen.

Aus Raumgründen ist hier davon abgesehen, die an den Vortrag von Holm anschließende Diskussion zu besprechen. An ihr waren bekannte Forscher wie Frau Else Holm, Shobert, Tarasov und Bowden mit sehr interessanten Ergebnissen beteiligt. Sie veranlaßten Holm zu dem Schlußwort, „daß Härte kein einfacher Begriff sei und mit verschiedenen Mitteln für verschiedene Zwecke definiert werden müsse". Dem kann man nur zustimmen.

V. Härte, Verschleiß und Oberflächenstruktur

Von einem ganz anderen, aber versuchstechnisch außerordentlich interessanten Standpunkt geht A. J. W. Moore vom Phys.-Chem. Institut der Universität Cambridge an das Problem der Beziehungen zwischen Härte und Verschleiß heran [8]. Mit einem von unserem deutschen Zustand aus beneidenswerten Aufwand von meßtechnischen Apparaturen geht er in erster Linie einer Analyse der wirklichen Oberflächenstruktur zu Leibe.

Über den allgemeinen Vorgang beim Eindrücken eines Körpers in einen anderen unter zügig zunehmender Belastung stellt er die dabei auftretenden Phasen ähnlich dar wie Holm, nämlich erst das elastische Stadium gemäß den Hertzschen Gleichungen, dann das Einsetzen der plastischen Verformung am Grunde des Eindringkörpers, wobei er die mittlere Pressung mit einem Wert von ca. 1,1 Y (Y = Druckfließgrenze „Yield Point") annimmt.

Bei weiter steigender Belastung breitet sich die plastische Verformung über die ganze Eindruckfläche aus und die spez. Pressung nimmt einen Wert von etwa 3 Y an. Dieser Wert bleibt auch bei weiter steigender Belastung bestehen, aber nur unter der Voraussetzung, daß der gedrückte Werkstoff keine Kaltverfestigung (work hardening) erfährt. Das ist aber sehr häufig der Fall und Y kann dann weit höhere Werte annehmen. Aus diesen Beziehungen wird die Abhängigkeit des Überganges von der elastischen zur plastischen Deformation als eine Funktion des Krümmungsradius an der Spitze des Eindringkörpers entwickelt (Tabelle 2).

Metall	Fließgrenze Y kg/mm²	Last in g, bei der plastische Deformation eintritt		
		$r = 10^{-6}$ cm	10^{-2} cm	1 cm
Weiches Kupfer	20	0,0000025	0,025	250
Verfestigtes Kupfer	31	0,0000091	0,091	910
Weicher Stahl	65	0,000047	0,47	4700

Diese Feststellungen zeigen, daß tastende Fühlhebel zum Abtasten einer Oberfläche unter Umständen plastische Deformationen hervorrufen, d. h. falsch messen können, wenn sie einer wenn auch nur kleinen Belastung unterliegen.

Weist also die zu prüfende Oberfläche unter dem Eindruckkörper eine Gesamtdeformation auf, so kann sie sowohl makrogeometrischen wie mikrogeometrischen Charakter haben. M. a. W. der Fließkörper kann im Groben eine andere Fließgrenze ergeben als an den Spitzen.

Diese Überlegungen führten zur genauen Untersuchung der Oberflächenstruktur mit den feinsten Mitteln, d. h. stereoskopischen Abbildungen im Elektronenmikroskop, Abb. 4 (nach HEIDENREICH und MOTHESON 1944). Diese außerordentlich bemerkenswerten Abbildungen geben erst den richtigen Einblick in die Kernfrage, nämlich die Oberflächenstruktur. Längen weit unter 1 μ sind deutlich zu erkennen. Nur ist durch schiefe Projektion erreicht, daß der Breitenmaß-

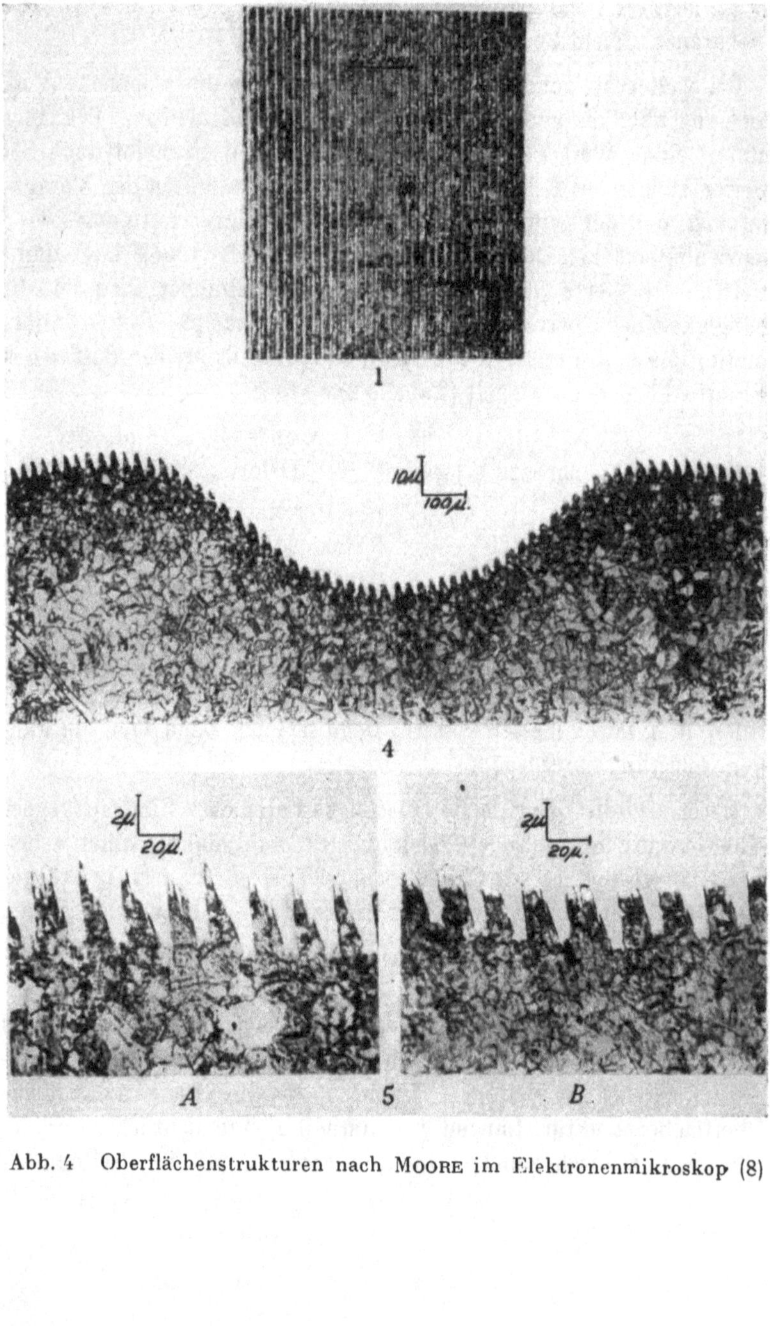

Abb. 4 Oberflächenstrukturen nach MOORE im Elektronenmikroskop (8)

stab zehnfach kleiner ist als der Höhenmaßstab. Die Rauhigkeitsspitzen sind in Wirklichkeit zehnmal breiter und der optische Eindruck wird dadurch verzerrt.

Wird nun auf eine feingedrehte Fläche mit den in Fig. 1 noch sichtbaren Drehriefen ein zylindrischer harter Stahlkörper hineingedrückt, so entsteht im Groben eine plastische Verformung wie bei der Brinell-Presse. Die mikrogeometrischen Spitzen sind unter der Eindruckstelle in der Höhe eingedrückt (Fig. 4 B), seitwärts davon (Fig. 4 A) unverändert, aber in der allgemeinen Struktur nach Fig. 15 wenig verändert, nur abgeflacht und an den Spitzen zweifellos verfestigt. Es spielt sich also sowohl makroskopisch wie mikroskopisch bei steigender Belastung die ganze Skala der Formänderungen elastisch — plastisch — verfestigt ab, ohne daß das Gesamtbild der Oberflächenstruktur sich wesentlich geändert hätte.

Das gleiche Ergebnis lieferte eine Untersuchung (Abb. 5) mit einem empfindlichen Abtastgerät (Talysurf). Bei gleitender Reibung werden Teilchen sowohl aus dem einen wie dem anderen Körper herausgerissen und in den anderen hineingeschweißt (Abb. 6), wenn Stahl gegen Kupfer gleitet. Hier ist ein Stahlteilchen fest an die Kupferoberfläche angeschweißt und die Gefügebestandteile: Zementit und Ferrit sind deutlich erkennbar.

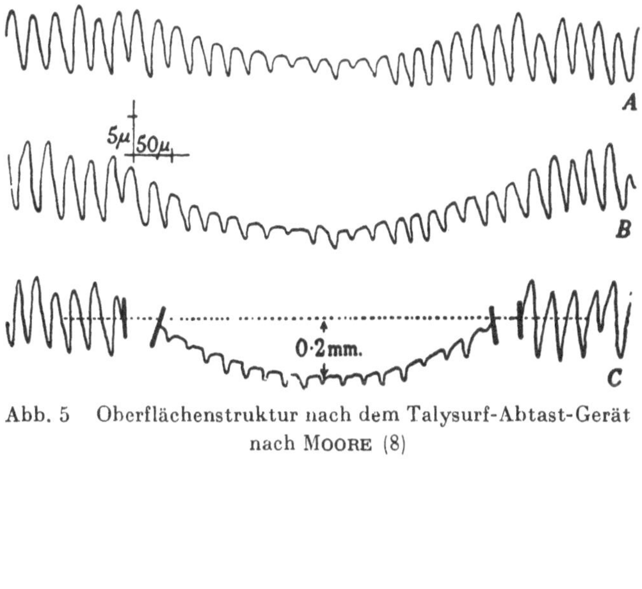

Abb. 5 Oberflächenstruktur nach dem Talysurf-Abtast-Gerät nach MOORE (8)

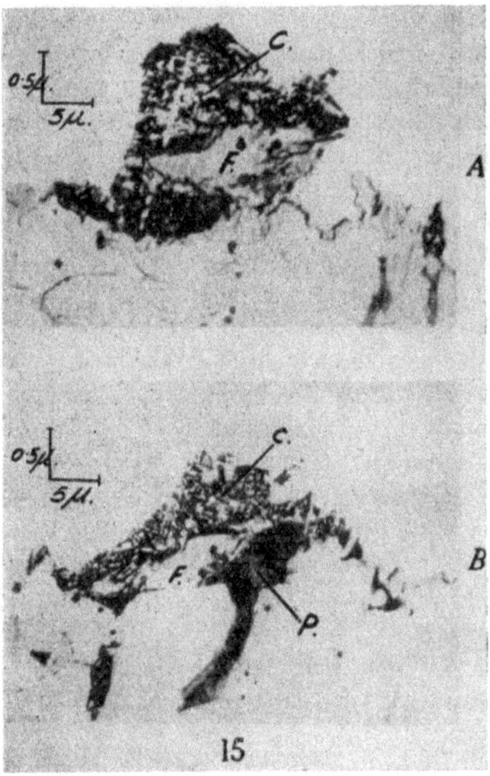

Abb. 6

Angeschweißte Metallkörner nach MOORE (8)

Allgemein ist auch bei den Versuchen von MOORE die schon bei HOLM erwähnte Tatsache bestätigt, daß der Reibungswert bei trockener Gleitreibung um 0,6 bis 0,7 herum liegt, aber bei Grenzreibung mit sparsamer Schmierung auf etwa 0,1 bis 0,2 heruntergeht. Naturgemäß vergrößert sich bei dauerndem Gleiten oder Rollen die Fläche der plattgedrückten Spitzen, also das wirklich tragende Areal immer mehr, so daß bei gleichbleibender Gesamtlast die spezifischen Pressungen kleiner werden, die Flächenanteile aber in vielen Fällen kalt verfestigt.

Würde man bei länger andauernder gleitender oder wälzender Belastung die Härteprobe nach Brinell, Vickers oder dergleichen wiederholen, so würde man sehr wahrscheinlich einen anderen Wert ermitteln wie zu Anfang, z. B. mit Mikro-Härteprüfern. Das ist wiederum ein Beweis dafür, daß die Härteprobe bei neuen Werkstücken keine eindeutige physikalische Bedeutung haben kann.

Abschließend ist zu dieser Seite des Problems zu sagen, daß erst die Beobachtung mit dem elektronen-optischen Auge eine Vorstellung davon gibt, um wieviel Unbekannte es sich bei dem Vorgang des Verschleißes handelt, sobald die auftretenden Belastungen zu einem Übergang in das plastische Gebiet führen. Schon Max Planck hat in seiner Arbeit „Die Mechanik deformierbarer Körper“ [28] die Probleme der plastischen Körper vom Standpunkt des exakten Physikers erörtert und hat dabei festgestellt, daß dabei nicht weniger als 36 Parameter, d. h. Variable zu behandeln sind in dem allgemeinen Fall anisotroper Körper.

VI. Verschleiß und Schmierung

Bei allen gleitenden, rollenden oder wälzenden Relativbewegungen zweier Körper im Maschinenbau liegen in der Regel zwei Aufgaben vor, nämlich

a) Kräfte von dem einen auf den anderen zu übertragen und
b) die trockene Reibung zu beseitigen.

Beides — nicht nur die letztere — kann nur durch den Schmierstoff geschehen, die zweite Aufgabe dadurch, daß die trockene Reibung, d. h. der mechanische Kontakt durch die innere Reibung zäher Flüssigkeiten ersetzt wird. Daneben hat aber der Schmierstoff die weitere Aufgabe, Kräfte durchzuleiten, d. h., es müssen sich in ihm hydraulische Drücke entwickeln, die imstande sind, die aufgeprägte Belastung zu „tragen“. Das ist unter Umständen auch im Zustand der Ruhe erforderlich, da viele Maschinenteile der hier zu behandelnden Art oft durch den Nullwert der Relativgeschwindigkeit pendeln oder bei geringen V-Werten die nach dem Prinzip von Newton entstehenden hydrodynamischen Drücke nicht ausreichen. Der Verfasser hat in seinem Aufsatz: „Schmierfähigkeit als Tragfähigkeit" [25] die Aufmerksamkeit auf diese beiden Seiten gelenkt und den Schmierstoff als einen „Werkstoff" besonderer Art gekennzeichnet. Die klassische hydrodynamische Theorie der Schwimmreibung ist aus den Arbeiten von Reynolds, Michell, Sommerfeld und Gümbel u. a. zu großer Vollkommenheit entwickelt. Sie behält ihre Richtigkeit auch bis in die engsten Spalten von wenigen μ Dicke, wenn – ja wenn eine geometrische, vollkommen glatte Oberfläche angenommen werden kann und eine Dicke des Ölfilms, hinter der die oben beschriebenen Rauhigkeiten weit genug zurückbleiben. Voraussetzung für die bekannten Gleichungen dieser Theorie ist eine Kontinuums-Strömung laminarer Art; wird diese gestört, so ist sie nicht mehr anwendbar und der gewünschte Öl-„Druckberg" kommt nicht zustande.

Als einzige physikalische Größe erscheint in diesen Gleichungen die „Viskosität", besser die dynamische Zähigkeit mit den Einheiten $\frac{kg\ sec}{cm^2}$. Unter Annahme konstanter Zähigkeit kommt die hydrodynamische Theorie zu eindeutigen Gleichungen; leider ist aber die Zähigkeit mehr oder weniger temperaturabhängig und gerade bei höheren Pressungen auch eine Funktion des Druckes. Eine mathematische Behandlung der Gleichungen, wie sie von Vogelpohl durchgeführt ist, führt bereits bei einfachen Gleitlagern zu so verwickelten Funktionen, daß sie sich von den praktisch gegebenen Voraussetzungen zu weit entfernen. Amerikanische Forscher haben das dreidimensionale Lagerproblem endlicher Länge durch eine elektrische Potentialanalogie zu lösen versucht.

Trotzdem ist festzustellen, daß bei den üblichen Lagerspielen durch die grundsätzliche Beachtung der Gesetze der Schwimmreibung, große technische Fortschritte im Lagerbau erzielt worden sind; z. B. bei den bekannten Gleitklotzlagern mit einstellbaren Segmenten.

Leider treten nun aber immer mehr die sehr zahlreichen Schmiervorgänge in den Vordergrund, die in den Bereich der sogenannten „Grenzreibung" geraten, d. h. mit Filmdicken vor sich gehen, die größenordnungsmäßig in den Bereich der von Moore u. a. so anschaulich dargestellten Oberflächenstruktur geraten. Hier treten nun die Störungen auf, die die hydrodynamische Theorie illusorisch machen. Solche Störungen sind folgende:

1. Durch die Formänderungen elastischer Natur wird die geometrische Idealform der bewegten Teile nach den Hertzschen Gleichungen geändert. W. PEPPLER [10] hat dafür in erster Annäherung eine hydroelastische Theorie in seiner Dresdener Dr.-Dissertation entwickelt und durch Versuche bestätigt. Diese führt u. a. zu dem Ergebnis, daß bei wälzender Reibung stets ein Gleitschlupf überlagert ist. Das trifft z. B. für Wälzlager und Zahnflanken zu. Die exakte Lösung führt zu sehr komplexen Formeln.
2. Eine gezackte Oberfläche unterbricht die Kontinuitätsströmung, auf der allein die hydrodynamischen Gleichungen beruhen. Sie ist also nicht mehr anwendbar.
3. Der Newtonsche Ansatz gilt nur für sogenannte Newtonsche Flüssigkeiten, und dafür die übliche Definition der Viskosität. Es kommen aber häufig Schmierflüssigkeiten, z. B. Schmierfette, zur Anwendung, die man als „strukturviskos“ bezeichnet (Dr. UMSTÄTTER). Für sie gilt die übliche Zähigkeitsdefinition nicht mehr; die jeweilige „Zähigkeit“ ist in erster Linie vom Schergefälle abhängig.
4. Bei mikrogeometrischen Abmessungen des Ölfilms wirken die freien Oberflächenvalenzen in die Schmierschicht hinein und verändern deren molekulare Struktur.
5. Die physikalischen Konstanten der Ölschicht unterliegen starken Änderungen hinsichtlich der intermolekularen Kräfte, die Polarisation (Dipolmomente), Assoziationen und Dissoziationen; Agglomerationen bestimmter Molekülgruppen. Hierüber liegen zahlreiche Untersuchungen der Schule von K. L. WOLF (früher Physikalisches Institut Halle) vor [18], [19], auch über Randspannungen, Randwinkel usw.

Der Verfasser verdankt dem verehrten Kollegen Professor Dr. SCHULZE vom Erdölforschungsinstitut in Hannover den Hinweis, daß eine so große Zahl von Parametern jede gesetzmäßige Erfassung der wirklichen Ölstruktur in der sogenannten Grenzreibung praktisch unmöglich macht.

Das führt in weiterer Konsequenz dazu, daß der übliche Viskositätsbegriff immer verschwommener wird und manche Normenfachausschüsse daran denken, ihn ganz abzuschaffen, wenigstens in der Formulierung als Engler-Grade. Ob sich dafür die Bezeichnung mit Centistokes oder Centipoisen einführen wird, bleibe dahingestellt. Für die Praxis ist die übliche Klassifizierung nach Engler-Graden immerhin noch eine anschauliche Vergleichszahl.

Die Situation liegt bei den Viskosimetern ähnlich wie bei den Härteprüfgeräten. Man bemüht sich z. Z. in dem zuständigen Fachnormenausschuß sehr um die Entwicklung genau eichfähiger Präzisions-Viskosimeter (dazu auch der erforderlichen Eichflüssigkeiten), wobei, wenn diese Vorschläge angenommen werden sollten, früher sehr häufig benutzte Typen verschwinden müßten.

Es ist natürlich zu beachten, daß das Bedürfnis nach genauen Viskositäts-Messungen nicht nur bei Schmiervorgängen in der Maschinentechnik vorliegt, sondern auch in der kolloidchemischen und physikalischen Forschung; aber auch hier treten bei nicht Newtonschen Flüssigkeiten große Schwierigkeiten auf.

In der eigentlichen Schmiertechnik im engeren Sinne gerät daher der Viskositätsbegriff immer mehr ins Wanken, jedenfalls als rechnungsmäßige exakte Größe, insbesondere bei Oberflächenstrukturen wie oben beschrieben, bei denen kleine Ölnester mit engsten Schichten von mikromolekularer Dicke ungezählter Varianten nebeneinander auftreten, und es heißt, Vogel-Strauß-Politik treiben, wenn man diese Tatsachen negiert. Damit dürfte die ganze Problematik der Verschleißvorgänge hinreichend gekennzeichnet sein. Die technische Praxis muß aber weiter arbeiten und sich entwickeln. Man muß daher, solange uns die physikalisch-chemische Grundlagenforschung noch keine ausreichenden Unterlagen liefert, mit statistischen Methoden weiter forschen, die den tatsächlichen Schmiervorgängen modellmäßig möglichst nahekommen. In dieser Richtung arbeitet das Dresdener Institut des Verfassers seit längerer Zeit nicht ohne praktischen Erfolg [26,] [27].

VII. Wälzfestigkeit und Verschleiß

In wichtigen Anwendungsgebieten der Lagerungstechnik spielt die Frage nach der „Schmierfähigkeit“ (oiliness, onctuosité) in der ganzen wissenschaftlichen Welt eine große Rolle. Es steht aber heute bereits fest, daß es diesen Begriff isoliert überhaupt nicht gibt, sondern daß jeder effektiv wirksame Schmiervorgang immer durch drei Faktoren bestimmt wird, nämlich

1. den Schmierstoff,
2. die angrenzenden Werkstoffe,
3. den konstruktiven Aufbau der betreffenden Elemente,

letzterer namentlich hinsichtlich der kontinuierlichen Zuführung des Schmiermittels und der Wärmeableitung. Die „dynamische“ Tragfähigkeit des Ölfilms setzt genügend hohe Relativgeschwindigkeit voraus; sie verlangt von dem Schmierstoff in kleinsten Zeiträumen eine Druckwechselbeanspruchung von hohen Drücken bis zum Vakuum in oft millionenfacher Wiederholung bei gleichzeitigen starken Temperaturdifferenzen. Das ist ein bemerkenswertes physikalisches Phänomen; die damit verbundenen Alterserscheinungen sind das Objekt zahlreicher Forschungen; sie werden durch die sogenannten Wirkstoffe (additivs) zum Teil wirksam bekämpft, wobei es sich meistens um chemische Zusätze homöopathischer Menge handelt. Hiermit wird das Problem der Lebensdauer dieses Werkstoffes „Öl“ wirksam gefördert.

Anders liegt es bei den korrespondierenden Werkstoffen. Hier zeigt es sich durch zahlreiche Versuche im Institut des Verfassers, daß die Affinität jedes Werkstoffes zu einem definiertem Schmierstoff verschieden ausfällt; ebenso wie die Affinität eines Werkstoffes zu verschiedenen Schmierstoffen. Da nun die Zahl der in Frage kommenden Werkstoffe sehr groß ist, noch größer aber die Zahl der Schmierstoffvarianten, so ergibt sich eine kaum zu übersehende Variabilität der Kombinationen. Diese treten gerade im Bereich der Verschleißreibung, also bei sehr engen unregelmäßigen Spalten auf. Man muß sich also zunächst auf wenige typische Spezialfälle beschränken. Solche sind z. B. die Wälzlager (Kugel- und Rollenlager), sodann die Zahnräder, beides Maschinenelemente, die in größten Serien auftreten und gefertigt werden müssen. Als Werkstoff kommt in der Hauptsache härtbarer Sonderstahl zur Anwendung. Bei beiden liegt eine wälzende, d. h. rollende Bewegung von Körpern mit gekrümmter Oberfläche aufeinander vor; bei den Zahnrädern ist sie von einer gleitenden Bewegung überlagert, die im Wälzkreis ihre Richtung umkehrt. Bei beiden sind im elastischen Bereich relativ hohe Hertzsche Pressungen und Deformationen zu erwarten, die meist nahe oder zum Teil über der Streckgrenze liegen.

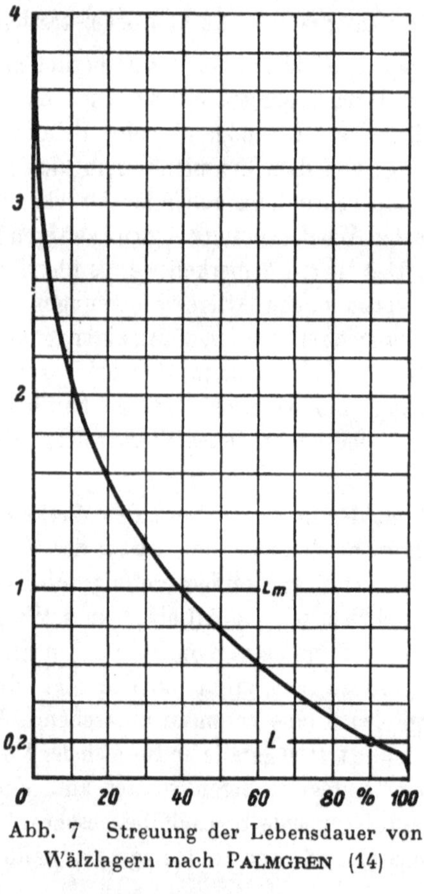

Abb. 7 Streuung der Lebensdauer von Wälzlagern nach PALMGREN (14)

Bei Wälzlagern geht man bei der Dimensionierung und Tragfähigkeit im allgemeinen von der Annahme aus, daß die Proportionalitätsgrenze nicht überschritten werden darf, um bleibende Deformationen zu vermeiden. Wir besitzen über die Theorie und Praxis der Wälzlager die ausgezeichneten Standardwerke von Jürgensmeier [15] und neuerdings von Dr. Palmgren, dem wissenschaftlichen Leiter der S. K. F. Göteborg [14]. Daraus entnehmen wir, daß die Tragfähigkeitswerte im wesentlichen durch eine Großzahlforschung von unerhörtem Ausmaß auf entsprechenden Prüfständen ermittelt werden, aber nicht auf Grund von Formeln, in denen etwa die Härteprüfung nach Brinell, Vickers oder dergleichen eine Rolle spielt. Kugeln, Rollen und Laufringe werden aus einem seit 30 Jahren ziemlich unveränderten Sonderstahl hergestellt und im Einsatz gehärtet. Durch Feinschliff und Hochglanzpolitur erhalten sie eine spiegelnde Glätte, wobei anzunehmen ist, daß damit eine Verdichtung der Oberfläche im Sinne einer Verfestigung verbunden ist.

Oberflächenmessungen und Abbildungen durch Elektronenmikroskope sind bisher nicht bekannt geworden. Durch vorbildliche Prüfverfahren aller Art wird die Herstellung in allen Stadien laufend überwacht.

Trotzdem ist es äußerst bemerkenswert, daß bei der Prüfung der „Lebensdauer", deren Beendigung nach einer gewissen Zahl von Überrollungen durch das Auftreten von Drucknarben und ähnlichen Erscheinungen gekennzeichnet ist, außerordentlich große Streuungen auftreten.

Als zulässige Belastung [14] wird daher nur diejenige angesehen, die von 90% der geprüften Lager erreicht wird. Aus diesen rein experimentellen Grundlagen werden die den einzelnen Belastungen zugeordneten Werte der zulässigen Überrollungszahl ermittelt und in Tabellen geordnet, die in allen Katalogen der Erzeugerfirmen zu finden sind.

Es wird hier also – anders ausgedrückt – die Zeitfestigkeit im Sinne der bekannten Wöhler-Kurve experimentell ermittelt, und die Beendigung der Lauffähigkeit ist das Ergebnis eines Ermüdungsvorganges durch schwellende Druckbelastung. Hierbei spielt natürlich die Struktur des verwendeten Stahls und deren dauernde Überwachung die erste Rolle.

Wichtiger erscheint im Zusammenhang der hier erörterten Probleme aber die besondere *Glätte* der Laufelemente der Wälzlager. Sie gestattet das Vorhandensein einer Art von hydrodynamischer Schmierung bis herab zu sehr geringen Filmdicken, da die sphärische Ausbildung der Kugeln und Laufflächen eine der Öldruckbildung günstige „Schmiegung" ermöglicht. Das geht soweit, daß bei hochtourigen Wälzlagern schon ein eingeblasener Öldampf genügt, der sich an den glatten Oberflächen adsorbiert. Sind aktive Fettsäuren in den sonst meist verwandten Fettseifen enthalten, so zerstört der sich bildende Rost sehr schnell die Lebensdauer.

Für Zahnräder läßt sich eine so gleichmäßige Glättung der Oberflächen aus Herstellungsgründen nur schwer ermöglichen. Die Bearbeitung der Zahnflanken erfolgt in der Mehrzahl durch spanabhebende Werkzeuge, zu denen auch die Korund-Schleifscheiben gehören. Diese können immer nur Oberflächen ähnlich derjenigen in Abb. 4 erzeugen, die in der Elektronenvergrößerung einen ähnlichen Eindruck hervorrufen würden wie in Abb. 4, wenn nicht durch die dauernde Überrollung eine plastische Verformung verbunden mit Kalthärtung anzunehmen wäre. Es ist bekannt, daß diese Wirkung des Einlaufens sich u. a. bei den Silicium-Manganstählen besonders bemerkbar macht. Diese Wirkung halte ich im Hinblick auf die Begünstigung der Schmierwirkung für wichtiger als das Streben nach einer möglichst großen „Härte", durch Flammenhärtung, Induktionshärtung und ähnliche Mittel, bei denen meist nur eine ganz dünne Härteschicht erzeugt wird, eine Härteprüfung nach Brinell oder dergleichen, aber mit der ganzen Problematik der Härtemessung überhaupt behaftet ist (siehe oben).

Daß durch den Härteprozeß unter Umständen eine weitgehende Verformung der idealen Zahnflanke, ja durch Härterisse eine direkte Verschlechterung der Oberfläche bewirkt werden kann, zeigt deutlich das Abroll-Diagramm in Abb. 8.

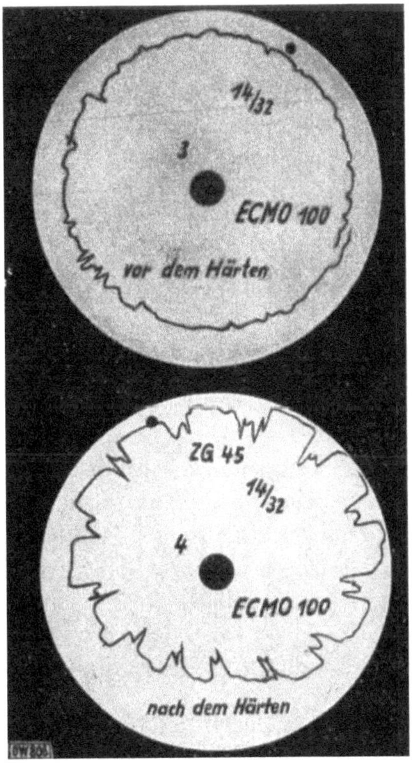

Abb. 8
Abrolldiagramme gehärteter und ungehärteter Zahnräder nach FRANKE (23)

Bekanntlich führt das Härten der Zahnräder sehr häufig zum Verziehen der Zähne, zu Härterissen und anderen Formfehlern. Dann müssen die Zahnflanken nach dem Härten nachgeschliffen werden. Daß damit keineswegs eine Verbesserung der Lauffläche verbunden zu sein braucht, zeigen die Abrollbilder (Abb. 8) aus einer Studie von FRANKE über die Laufruhe von Zahnradgetrieben.

Es hat sich nun, ausgehend von den Arbeiten von NIEMANN und GLAUBITZ [23,] [24] in neuerer Zeit ein Formel-Mechanismus entwickelt, der mit einem neuen Begriff, der sogenannten „Wälzfestigkeit" operiert und leider bereits in das Schrifttum, auch bekannter Handbücher, einzudringen beginnt. Diese „Wälzfestigkeit“ ist nämlich überhaupt keine Festigkeit im Sinn der exakten Festigkeitslehre und die zu ihrer zahlenmäßigen Ermittlung aufgestellten Gleichungen sind in Wirklichkeit dimensionsmäßig Ungleichungen.

Wenn man die „Dauerwälzfestigkeit“ $K_{eD} = 0{,}1\left(\frac{H_b}{100}\right)^2$ setzt [24], Seite 126, so setzt man $\frac{kg}{mm^2} = \frac{kg^2}{mm^4}$. Solche Gleichungen sollte man in wissenschaftlichen Studien nicht anwenden; sie stiften nur Verwirrung bei den unerfahrenen Fachleuten, für die eine gedruckte Formel ein Evangelium ist.

Die sogenannte Walzfestigkeit „K“ ist dadurch entstanden, daß man, wenn p die Hertzsche Pressung unter einer Last P_n bedeutet, die Hertzschen Gleichungen auf die vereinfachte Form bringen kann:

$$\sigma^2_{max} = 0{,}35\,\frac{P_n \cdot E}{2\varsigma \cdot b}\,.$$

Darin bedeutet ς den reduzierten Krümmungshalbmesser der Zahnflanken im Berührungspunkt nach der Beziehung $\frac{1}{\varsigma} = \frac{1}{\varsigma_1} + \frac{1}{\varsigma_2}$. Setzt man darin $K = \frac{P_n}{2\varsigma \cdot b}$ ein, so ergibt sich der Wert $\left(\frac{kg}{mm^2}\right)$

$K = 2{,}86\,\frac{p^2_{max}}{E}$ als die „Kennzahl“ der Walzenpressung.

Diese an sich überflüssige Kennzahl ist demnach keine „Festigkeitszahl“, sondern lediglich eine Umrechnungsform der durch die äußere Last aufgedrückten „Beanspruchung“ nach Hertz. Diese als „Wälzfestigkeit“ zu bezeichnen, wie es in den Formeln für K_D der Braunschweiger Forscher geschicht, bedeutet einen logischen Fehler, denn man kann nicht äußere Beanspruchung mit Werkstoff-Festigkeit verwechseln, indem man einfach den Wert K als „Wälzfestigkeit“ bezeichnet.

Dieser tragische Fehler zieht sich durch die sämtlichen daraus weiter entwickelten Formeln hindurch, indem die gleichen Autoren nun die „Lebensdauer" der Zahnflanken darnach zu berechnen suchen. Daraus ist dann eine Formel entstanden, die z. B. [24] lautet:

$$p_{zul} = \frac{49\,H_b}{W^{1/6}}$$

worin W die Zahl der Überrollungen durch 10^6 bedeuten soll $= \frac{n \cdot 60 \cdot h}{10^6}$.

Daraus wird dann die Lebensdauer in Betriebsstunden zu

$$h = \left(\frac{49\,H_b \cdot 10^6}{p_{max}}\right) / 60\,n \qquad (6)$$

ermittelt, also zu der äußeren sogenannten Wälzfestigkeit K überhaupt nicht in Beziehung gesetzt, sondern wiederum zu der maximalen HERTZschen Spannung p_{max}. Wozu dann der ganze Aufwand um die sogenannte Wälzfestigkeit K?

Die Beziehungen der Gl. (6) beruhen ursprünglich auf einer Formel von NISHIHARA [23], der aus den Lebensdauerwerten der Wälzlager eine allgemeine Formel für die Lebensdauer wälzender Rollen glaubte ableiten zu können. Er hat nur übersehen, wie außerordentlich schon bei diesen mit höchster Präzision erzeugten Produkten der Wälzlagerindustrie tatsächlich die Streuung ausfällt. Wieviel höher würde sie bei Zahnflanken ausfallen (Abb. 8), wenn man die bei diesen unvermeidlichen Varianten in der Herstellung, Bearbeitungsgüte, Härtegrad usw. in Betracht zieht. Eine Großzahlforschung wie dort ist bei Zahnrädern noch niemals ausgeführt und auch kaum denkbar. Die wenigen, an sich sehr dankenswerten Versuche der genannten Verfasser und von NISHIHARA reichen nicht entfernt aus, um die Berechtigung der oben kritisierten Formeln zu untermauern.

Davon abgesehen führt eine Formel wie Gl. (6) außerdem zu dem paradoxen Ergebnis, daß ein ungeschmiertes Zahnräderpaar die gleiche Lebensdauer haben müßte wie ein geschmiertes bzw. die gänzlich verschiedenen Eigenschaften der Schmierstoffe in der Grenzreibung nicht beachtet werden. In Wirklichkeit ist die Schmierung der ausschlaggebende Faktor, aber rechnungsmäßig, wie oben nachgewiesen, sehr schwer oder überhaupt nicht zu erfassen.

Der Verfasser hat in einer Zuschrift an die Z. d. V. d. J. [32] schon auf diese Widersprüche hingewiesen. Der Begriff „Wälzfestigkeit" hängt völlig in der Luft; er sollte möglichst bald verschwinden. In Wirklichkeit liegt die Frage wesentlich einfacher. Die HERTZschen Pressungen p_{max} lassen sich genau berechnen. Wenn plastische Formänderungen vermieden werden sollen, ist es notwendig, den Wert von p_{max} nicht über die Streckgrenze des verwendeten Werkstoffes anwachsen zu lassen. Diesen Standpunkt vertritt WOLF [22] von der Demag und die Fachgruppe „Triebwerke und Wälzlager". Inwieweit eine Kaltverfestigung eintritt und eine höhere Belastung zuläßt, sollte durch Nachmessungen nach längerer Betriebszeit einmal gründlich geprüft werden.

Die „Härte" spielt, abgesehen von der Problematik ihrer Messung nur den Wert einer Vergleichszahl und insofern eine Rolle, als von dem Härteverfahren die Struktur der Oberfläche zweifellos beeinflußt wird. Solange wir nicht über Meßverfahren wie die angelsächsischen Institute mit Elektronenoptik verfügen, werden wir niemals ein genaues Bild erhalten, d. h. das Härteverfahren dem Zweck anpassen, eine möglichst ideal glatte Oberfläche zu erzielen (vgl. Abb. 8).

Bei zylindrischen Lagerzapfen ist es längst üblich, durch Bearbeitung mit Diamanten oder Widia eine glatte, aber auch dichte Oberfläche zu erzielen; vor allem bei Lagerschalen. Der Drehdiamant wirkt ja nicht nur spanabhebend, sondern bei richtiger Schneidenspitze auch drückend und verdichtend. Daß man durch Drücken bzw. Komprimieren der Oberflächen die Dauer-Biegewechsel-Festigkeit erhöht, ist aus den Arbeiten von THUM und A. FÖPPL hinlänglich bekannt, denn jede Spalte gemäß Abb. 4 wirkt wie eine scharfe Kerbe und kann Ursache eines Dauerbruches werden.

Der Verfasser ist der Meinung, daß man bei der Zahnradherstellung ähnlichen Verfahren gegenüber allen möglichen Härteexperimenten den Vorzug geben sollte und eine Art Feinziehschleifen oder Prägepolieren anwenden, da Bearbeitung mit Diamanten schwer möglich erscheint, dies in dem Sinne, daß die letzte Bearbeitungsstufe mit einem solchen drückenden Verfahren verbunden sein sollte.

Die richtige Art der Schmierung und des zu verwendenden Schmierstoffes bleibt aber auch hier das Hauptproblem. Solange ein tragfähiger Ölfilm, selbst von nur der Stärke einiger Å aufrechterhalten werden kann, sinkt der Verschleiß auf einen Minimalwert, wenn überhaupt vorhanden, ab. Es ist aber erstaunlich, mit welcher Primitivität häufig noch die Zahnradschmierung ausgebildet ist und welcher Energieverlust, d. h. Reibungswärme durch Plantschwirkung, Wirbel und Quetschölverdrängung hervorgerufen wird. Die Untersuchungen von HEIDEBROEK und PEPPLER [33] darüber geben ein anschauliches Bild, wie die Ölströmung z. B. bei eintauchenden Rädern in Wirklichkeit aussieht. Meistens versucht man, durch grobe Ölüberschwemmung zu erreichen, daß immer genügend Öl dahin gelangt, wo es eigentlich — und nur dort — gebraucht wird, nämlich im Zahnflankeneingriff.

Die wirksamste und zugleich sparsamste Art der Schmierung ist die vom Grunde der Zahnlücke aus durch Bohrungen im Radkranz bewirkte Zentrifugalschmierung, die durch die Zahl und Weite der Bohrungen beliebig geregelt werden kann, d. h. versuchsmäßig auf ein ausreichendes Minimum eingestellt werden kann. Derartige Versuche sind in der Arbeit von PIETSCH [12] am Dresdener Institut beschrieben. Diese Schmierung paßt sich auch der Drehzahl automatisch an. Im Ölkreislauf sollte das rückfließende Öl, namentlich bei größeren Getrieben, unbedingt gefiltert werden. Durch das Herumwirbeln des Öles tritt eine starke Berührung mit Luft ein, die zu einer schnellen Oxydation führt. Auch dagegen soll es wirksame „Additivs" geben; deren Wirkung ist aber im Laboratorium kaum nachzuprüfen, da sie sich meist erst nach Tausenden von Betriebsstunden bemerkbar macht.

Das lästige Schäumen mancher Ölsorten in den Gehäusen kann übrigens nach den Versuchen des Verfassers manchmal durch einige Tropfen Silikonöl auf 50 l wesentlich gemildert, wenn nicht ganz beseitigt werden. Die Auswahl der richtigen Ölart darf keineswegs nur nach der Viskosität in E-Graden erfolgen, da in den engen Spalten und unter den hohen HERTZschen Pressungen, wie oben bereits nach-

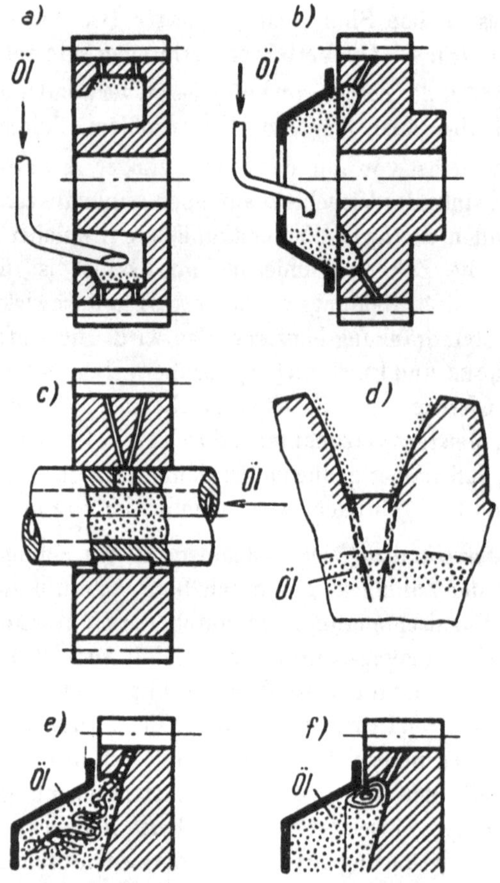

Abb. 9 Zentrifugalschmierung in die Zahnlücken nach HEIDEBROEK und PIETSCH (12, 13)

gewiesen, von Viskosität im üblichen Sinne nicht mehr gesprochen werden kann. Es ist auch eine Utopie, aus der sogenannten Wälzfestigkeit die „richtige“ Zähigkeit vorausberechnen zu wollen. Die Lebensdauer eines Ölfilms im Zahnradbetrieb läßt sich nur durch Versuche bestimmen, wie sie etwa an dem Dresdner Zahnrad-Prüfgerät oszillografisch im Lauf und unter Belastung durchgeführt werden [26].

Dieses Gerät ist bisher das einzige, an dem die Laufversuche und Reibungsverhältnisse genau abgebildet werden können. Unter sonst gleichen Betriebsbedingungen lassen sich, völlig unabhängig von der Viskosität, erstaunliche Unterschiede in der Lebensdauer eines dosierten Ölfilms feststellen. Sie kann zwischen wenigen Minuten und mehreren Stunden schwanken; verseifte Fette halten in der Regel nur wenige Minuten aus. Andererseits gibt es synthetische Öle, die die kinematisch oder durch Rauhigkeit bedingten Oberschwingungen fast gänzlich abdämpfen. Damit auch das Geräusch. Die üblichen Getriebeöle haben in der Regel eine Lebensdauer von 30 bis 50 Minuten für einen aufgebrachten Ölfilm von 1 cm^3 über sämtliche 24 Zähne der Versuchsräder verteilt.

Das Gleiten bzw. Wälzen von Zahnflanken aufeinander muß man, wenn man eine richtige Anschauung gewinnen will, an Hand der Relativbewegung untersuchen, wie das in Abb. 10 geschehen ist [12].

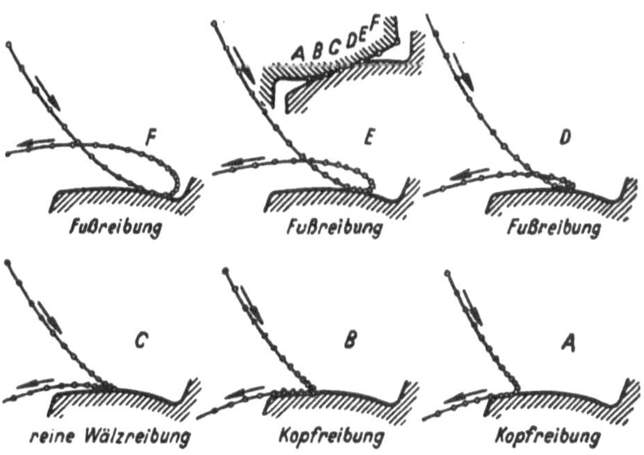

Abb. 10 Relative Bewegung der Zahnflanken nach HEIDEBROEK und PIETSCH (12, 13)

Die übliche Darstellung der ruhend nebeneinander gezeichneten Zahnflanken erweckt leicht falsche Vorstellungen. Vom schmiertechnischen Standpunkt aus sind die Vorgänge interessant, bei denen es sich um ein Andrücken von Flächenelementen gegen die getriebene Seite und ein Wiederabheben in ganz kurzen Zeiträumen, je nach der Drehzahl, handelt.

Um dieses Problem zu studieren, wurden die bekannten „Abreißversuche" in den Arbeiten von Dr. PIETSCH, HEIDEBROEK und Frau Dr. VON SCHIESSL durchgeführt [12], [13], [21]. Sie führten zur Aufdeckung des sogenannten „Kontaktzustandes", der dann eintritt, wenn man zwei Platten unter Öl mit einer bestimmten Last gegeneinander preßt, wobei der Ölfilm (unter Luftabschluß) je nach seiner Struktur und der Glätte der Oberflächen bis auf eine Dicke von etwa 1 bis 5 μ zusammengepreßt wird. Läßt man diesen Druck eine bestimmte Zeit wirken, so erreicht der Widerstand, den die Platten einer Verschiebung oder senkrechtem Abreißen entgegensetzen, einen konstanten Maximalwert.

Zieht man dann z. B. die eine bewegliche Platte von der anderen ortsfesten mit einer bestimmten Kraft σ_Z in kg/cm² ab, so ist die Zeit, bis zu der der Abreißvorgang beendet ist, festgelegt durch ein Gesetz $\sigma_Z \cdot t = \eta_Z = \text{const.}$, worin t die Abreißzeit bedeutet. Der Ausdruck η_Z hat dieselbe Dimension wie die dynamische Zähigkeit $\left(\frac{kg\ sec}{cm^2}\right)$. Im Ubbelohde-Diagramm ergibt sich η_Z, bei konstantem Wert von σ_Z ebenso der Wert t (Abreißzeit) als eine Gerade in der Temperaturfunktion, kann also durch zwei, besser drei Versuchspunkte bestimmt werden. Auf die Einzelheiten dieses Abreißgerätes kann hier nicht eingegangen werden; sie sind in dem angeführten Schrifttum ausführlich behandelt. Man kann den Versuch so einregeln, daß die Abreißzeit wenige Minuten oder mehrere Stunden dauert; sie ist also genau zu messen.

Die Temperaturkurven für η_Z verlaufen übrigens gänzlich unabhängig von der Viskosität [26]. Im Zusammenhang mit dem Zahnradproblem interessiert hier die Formulierung $\sigma_Z = \frac{\eta_Z}{t} = \frac{konst.}{t}$. Sehr kurzzeitige Abreißvorgänge können also sehr große Zugspannungen im Ölfilm hervorrufen. Diese führen, wie man durch periodische Abreißvorgänge nachweisen kann, zu kraterartigen Erosionen in der ruhenden Metallfläche [12], [13], die man als „Öl-Pittings" bezeichnen kann. Manche Forscher, wie STEWARD WAY in USA, führen überhaupt die Bildung der Pittings nur auf die Ölwirkung zurück. Demgegenüber hat L. FÖPPL [34] nachgewiesen, daß sie durch Schubspannungen im Untergrund der HERTZschen Druckfläche erklärt werden können. Es gibt also auch sogenannten Quetsch-Pittings. Betrachtet man die Abb. 10, so tritt dieser Andruckabreißvorgang am reinsten im Teilkreis auf, wo die Gleitgeschwindigkeit = Null ist und nur reine Rollbewegung vorliegt. Es ist damit die Tatsache erwiesen, daß die groben „Pittings" häufig vorzugsweise im Wälzkreis auftreten.

Übrigens pflegen die Pittings bei manchen Werkstoffen nach einiger Zeit nachzulassen und nicht weiter zu stören, da sie kleine Ölpolster bilden. Man kann also nicht, wie es die Braunschweiger Schule tut [24], das Auftreten von Pittings als das „Ende der Lebensdauer" hinstellen und diese danach berechnen, weil dabei, insbesondere bei schlechter Schmierung, die oben behandelten anderen Formen des Verschleißes vernachlässigt werden. In manchen Fällen, die der Verfasser beobachten konnte, treten sie schon nach ganz wenigen Betriebsstunden auf, die sich mit keiner der besprochenen „Berechnungen" vereinbaren lassen. Untersucht man solche Fälle, so ist meistens eine falsche Schmierungsart oder ein ungeeignetes Öl festzustellen.

Alle diese Beobachtungen führen unweigerlich zu dem Ergebnis, daß neben der Oberflächenstruktur das Verhalten des Ölfilms und daneben auch die kontinuierliche Zuleitung desselben den Verschleiß bestimmen, d. h. die sogenannte „Schmierfähigkeit", die es als Einzelbegriff nicht gibt (vgl. S. 25).

Somit gibt auch das hier eingehender behandelte Zahnradproblem, trotz aller aufgedeckten Schwierigkeiten, eine Reihe grundsätzlicher Erkenntnisse. Nicht in dem Sinne, daß es nun einfacher geworden sei, diese Schwierigkeiten zu lösen, sondern umgekehrt, welcher außerordentlichen Arbeit es sowohl in der technischen wie vor allem der chemischphysikalischen Grundlagenforschung noch bedarf. Die Lage ist vielfach so, daß der technische Fortschritt sich an Konstruktionen heranwagt, für die fast alle Möglichkeiten der rechnerischen Vorausbestimmung fehlen. Das gilt — um bei dem Zahnradgebiet zu bleiben — z. B. für die Herstellung von Zahnrädern, insbesondere Kegelrädern mit spiralförmigen Zähnen, die sogenannten Hypoid-Räder. Es gibt noch kaum eine Möglichkeit, sie zeichnerisch genau darzustellen oder fertige Räder dieser Art exakt zu messen. Aber es gibt geschickte Werkzeugmaschinenkonstrukteure, die Werkzeuge und Maschinen entwickelt haben, mit denen man betriebsfähige Räder dieser Art herstellen kann, wie die seit langem bekannten Erzeugnisse der Gleason-Werke in USA und ihrer Konkurrenten in Deutschland, der Firma Klingelnberg in Remscheid. Sie geben zwar ausführliche Unterlagen für die Bemessung und Tragfähigkeit heraus, die sich an bekannte Zahnradformeln anlehnen, in Wirklichkeit rückwärts aus der Erfahrung abgeleitet sind. Von einer Möglichkeit exakter Berechnung der Beanspruchungen, insbesondere der sogenannten Wälzfestigkeit, ja auch der Biegefestigkeit, kann überhaupt nicht die Rede sein. Sie erfordern, besonders im Kraftwagenbau, auch besondere Hochdrucköle (Hypoidöle), ohne die ihr Betrieb gar nicht möglich ist, die durch besondere Zusätze, deren es unzählige gibt, hochtrainiert sind.

Wiederum ein Beweis von der ausschlaggebenden Bedeutung der Ölschicht als des energieübertragenden Elementes. Es hat ja auch noch niemand die Beanspruchung von Zahnrädern in Uhrwerken genau berechnet; trotzdem garantiert man bei einer Glashütter Taschenuhr, wenn sie einmal bei ihrer Montage mit einem Tropfen Knochenöl geschmiert war, daß sie 20 Jahre richtig geht, ohne auch nur um einige Minuten in längerer Zeit von der richtigen, aus der Natur entnommenen Uhrzeit abzuweichen.

In allen diesen Fällen eilt die schöpferische technische Intuition, die dem Menschengeist zugehörige „technische Idee" der exakten Theorie oft weit voraus; sie lebt ihr eigenes Leben, ihre Entwicklung geht oft nach unbekannten Gesetzen vor sich. Sie werden manchmal kurze Zeit als Sensation empfunden, aber dem neugeborenen Kinde kommt, wie Graf HERMANN KEYSERLING einmal schrieb, ein Düsenflugzeug in der Luft schon genau so selbstverständlich vor wie der

Schmetterling. Aber der weise Mythos des Altertums behält seine Bedeutung, daß Prometheus, der Bringer des lebenspendenden Feuers, an den Felsen geschmiedet bleibt und die Geier seine Leber zerfleischen.

Oder anders ausgedrückt: Jeder technische Fortschritt bringt neue Widerstände, neue Probleme und Schwierigkeiten in der Struktur des sozialen Gefüges hervor. Man braucht nicht gerade an die Atombombe zu denken, um festzustellen, daß die technischen Katastrophen immer umfangreicher werden und von einer Beherrschung der Natur durch die Technik nicht die Rede sein kann, ebensowenig wie von einem „Ende der Technik".

Demgegenüber wirken die genialen Leistungen unserer großen physikalischen Forscher sich auf den Fortschritt oft als Impulse stärkster Art aus, auch wenn sie als reine Grundlagenforschung zunächst ohne Beziehung auf einen technischen „Zweck" durchgeführt werden. Sie haben in der „Kernphysik", insbesondere aber der Atomtheorie, in den letzten Jahrzehnten zu gewaltigen Errungenschaften geführt. Es ist daher erklärlich, daß sich das Interesse der jüngeren Physikergeneration vorwiegend dieser „reinen" Physik zuwendet und damit auch die Chemie immer mehr unter den Einfluß physikalischer Betrachtungsweise gerät. Dadurch ist es zu erklären, daß die junge Physikergeneration – aber auch die ältere – wenig geneigt ist, sich technischen Grundproblemen – ich nenne nur Strömung, Reibung, Festigkeit – zuzuwenden, oder die Beschäftigung damit als unwichtig und untergeordnet ansieht. Das ist bedauerlich, denn die technisch-physikalische, in der Hauptsache statistische Forschung ist immerhin inzwischen bis an die Grenzen der Kernphysik vorgedrungen, d. h. bis zu der Erkenntnis, daß zu weiterem Fortschritt nur atomphysikalische Forschungen verhelfen können. Die sogenannte „technische Physik", für die an manchen Hochschulen Lehrstühle bestehen, sollte nicht als eine Verflachung der eigentlichen Physik minder hoch eingeschätzt werden, sondern die „klassische" Physik sollte begreifen, daß hier Aufgaben von einer Schwierigkeit vorliegen, die diejenige der Kernphysik oft beträchtlich übersteigen, d. h. des Schweißes der

Edlen wert sind, wenn man bedenkt, welche ungeheuren wirtschaftlichen Werte dahinterstehen.

Es ist gewiß beachtlich, wenn man hört, daß in den USA bereits die ersten U-Boots-Motoren mit Atomenergie als Energieträger gebaut werden, aber ebenso beachtlich wäre es, wenn uns die Physik Möglichkeiten an die Hand geben würde, die atomaren Vorgänge in dünnen Ölfilmen oder an den Oberflächen von kristallinen Metallen bei überlagerten Normal- und Schubspannungen genauer, d. h. rechnungsmäßig zu definieren.

Schlußbemerkung

Die vorliegenden Betrachtungen sollten dem Zweck dienen, an einigen sehr aktuellen Beispielen einmal die Wechselwirkung zwischen rein physikalischer Erkenntnis und technischer Schöpferkraft und Intuition nach dem heutigen Stande aufzuzeigen und zu verhüten, daß aus ungenügend fundierten rein statistischen Beobachtungen Formeln und Gesetze abgeleitet werden, die einer exakten naturwissenschaftlichen Begründung nicht standhalten.

Wenn sie dazu beitragen, eine engere Zusammenarbeit zwischen beiden Disziplinen das Wort zu reden, so haben sie ihren Zweck erfüllt.

Schrifttum-Verzeichnis

[1] RAGNAR HOLM. Wiss. Veröff. Siemens-Werke 17/4 1939 S. 38, 43

[2] RAGNAR HOLM. Die techn. Physik der elektrischen Kontakte, Berlin Verlag Springer 1941

[3] RAGNAR HOLM. Chalmers Techn. Högskolas handlinger N. 23, Göteborg 1943

[4] RAGNAR HOLM. Wiss. Veröff. Siemens-Werke 20/1 1941 S. 68

[5] RAGNAR HOLM. Calculation of the Temp. Development in a Contact Heated usw. Journal of Applied Physics Bd. 19 1948, Nr. 4, S. 361—366

[6] RAGNAR HOLM, ELSA HOLM und ERLE J. SHOBERT II Theory of Hardness and Measurments. Applicable to Contakt Problems Journal of Applied Physics. Bd. 20 Nr. 4 S. 319—327, 1949

[7] RAGNAR HOLM, Hardness and its Influence on wear. Mechanical Wear, Am. Soc. for Metals 1950 S. 309

[8] A. J. W. MOORE, Deformation of metals in static and in cliding contact. Proc. Roy. Soc. A., Bd. 195, 1948, S. 231 u. ff.

[9] A. EICHINGER. Verschleiß metallischer Werkstoffe. Mitteilungen des K. W.-Instituts für Metallforschung, Abhdlg. 422

[10] W. PEPPLER. Druckübertragung an geschmierten zylindrischen Gleit- und Wälzflächen. VDJ-Forschungsheft 25, 1939, Berlin, VDJ-Verlag

[11] A. DIETRICH. Reibungskräfte, Laufunruhe und Geräuschbildung an Zahnrädern. Deutsche Kraftfahrforschung, Heft 25, 1939, Berlin, VDJ-Verlag

[12] E. PIETSCH. Das Schmiermittel im Zahnradgetriebe. Deutsche Kraftfahrforschung, Heft 59, Berlin 1941, VDJ-Verlag, S. 11

[13] E. HEIDEBROEK und E. PIETSCH. Untersuchungen über den Schmierzustand in der Grenzreibung. Deutsche Kraftfahrforschung, Heft 59, 1941, Berlin, VDJ-Verlag

[14] ARVID PALMGREN, Grundlagen der Wälzlagertechnik. Verlag Franck, Stuttgart 1950

[15] JÜRGENSMEIER. Die Wälzlager. Springer-Verlag

[16] A. v. PHILIPOVICH. Abgrenzung häufig verwendeter Begriffe der Schmierung. Z. d. V. D. J., Bd. 86, 1942, S. 408

[17] H. UMSTÄTTER. Schlüpfrigkeit und Grenzphasenreibung. Z. „Technik", Bd. 2, 1947, Heft 4, S. 171

[18] K. L. WOLF. Die Chemie, 55. Jahrg., Bd. 39/40, 1948, S. 295

[19] E. DUNKEN, L. FREDENHAGEN und K. L. WOLF. Kolloid-Z. 1942, S. 101

[20] Lubrication and Lubricants, Berichte über die Schmiertagung der Inst. of Mech. Engineers, London 1936

[21] S. von SCHIESSL. Versuche zur Klärung der Gültigkeitsgrenze der Hydrodynamik in dünnen Schmierölschichten. Dr.-Diss., Dresden 1948

[22] O. WOLF. Entwicklung der Getriebetechnik. Maschinenelemententagung Aachen 1936, VDJ-Verlag Berlin

[23] Maschinenelemententagung Düsseldorf, VDJ-Verlag Berlin 1940.- Prof. Dr. NIEMANN, S. 38

[24] G. NIEMANN und H. GLAUBITZ. Zahnflankenfestigkeit geradeverzahnter Stirnräder aus Stahl. Z. d. V. D. J., Bd. 93, Nr. 6, 1951, S. 121

[25] E. HEIDEBROEK. Der Begriff „Schmierfähigkeit als Tragfähigkeit", Archiv für Metallkunde, Heft 7/8, 1947, S. 356, Verlag Chemie, Berlin

[26] E. HEIDEBROEK. Das Verhalten zäher Flüssigkeiten in engen Spalten. Akademie-Verlag Berlin 1950

[27] E. HEIDEBROEK. Über die Beziehungen zwischen Schmierung und Verschleiß bei geschmierter Gleitreibung. Akademie-Verlag, Berlin 1950

[28] MAX PLANCK. Mechanik deformierbarer Körper, S. 40 u. ff., Leipzig 1919

[29] P. RIEBENSAHM. Zum Problem der Härteprüfung. Mitt. der Wiss.-Techn. Arb.-Gemeinschaft für Härtetechnik, Nr. 4, Bremen, 1951

[30] G. VOGELPOHL. Die Reibung ausreichend geschmierter Maschinenteile. „Stahl und Eisen", 70, 1950, Heft 21, S. 930

[31] EUGEN MEYER. Untersuchungen über Härteprüfung und Härte. Forsch. Ing. Wesen, Bd. 65, 66, 1909, VDJ-Verlag

[32] E. HEIDEBROEK. Zahnradforschung und Schmierstoff. VDJ-Zeitschrift, Bd. 93, Nr. 32, S. 1012

[33] E. HEIDEBROEK und W. PEPPLER. Untersuchungen über die Quetschölverdrängung. Kraftfahrtechn. Forschungsarbeiten, Heft 2 u. 4, 1936-37, VDJ-Verlag

[34] L. FÖPPL. Z. angew. Math. Mech., Bd. 16 (1936), Forschung, Bd. 7 (1936), S. 209, Z. V. D. J., Bd. 81 (1937), S. 137.

MIX
Papier | Fördert
gute Waldnutzung
FSC® C083411

Zeitfracht Medien GmbH
Ferdinand-Jühlke-Straße 7
99095 Erfurt, Deutschland
produktsicherheit@kolibri360.de